U0174671

匠心筑梦 技能报国

技术工人队伍是支撑中国制造、中国创造的重要力量。我国工人阶级和广大劳动群众要大力弘扬劳模精神、劳动精神、工匠精神，适应当今世界科技革命和产业变革的需要，勤学苦练、深入钻研，勇于创新、敢为人先，不断提高技术技能水平，为推动高质量发展、实施制造强国战略、全面建设社会主义现代化国家贡献智慧和力量。

——习近平致首届大国工匠
创新交流大会的贺信

序

　　党的二十大擘画了全面建设社会主义现代化国家、全面推进中华民族伟大复兴的宏伟蓝图。要把宏伟蓝图变成美好现实，根本上要靠包括工人阶级在内的全体人民的劳动、创造、奉献，高质量发展更离不开一支高素质的技术工人队伍。

　　党中央高度重视弘扬工匠精神和培养大国工匠。习近平总书记专门致信祝贺首届大国工匠创新交流大会，特别强调"技术工人队伍是支撑中国制造、中国创造的重要力量"，要求工人阶级和广大劳动群众要"适应当今世界科技革命和产业变革的需要，勤学苦练、深入钻研，勇于创新、敢为人先，不断提高技术技能水平"。这些亲切关怀和殷殷厚望，激励鼓舞着亿万职工群众弘扬劳模精神、劳动精神、工匠精神，奋进新征程、建功新时代。

近年来，全国各级工会认真学习贯彻习近平总书记关于工人阶级和工会工作的重要论述，特别是关于产业工人队伍建设改革的重要指示和致首届大国工匠创新交流大会贺信的精神，进一步加大工匠技能人才的培养选树力度，叫响做实大国工匠品牌，不断提高广大职工的技术技能水平。以大国工匠为代表的一大批杰出技术工人，聚焦重大战略、重大工程、重大项目、重点产业，通过生产实践和技术创新活动，总结出先进的技能技法，产生了巨大的经济效益和社会效益。

深化群众性技术创新活动，开展先进操作法总结、命名和推广，是《新时期产业工人队伍建设改革方案》的主要举措之一。落实全国总工会党组书记处的指示和要求，中国工人出版社和各全国产业工会、地方工会合作，精心推出"优秀技术工人百工百法丛书"，在全国范围内总结100种以工匠命名的解决生产一线现场问题的先进工作法，同时运用现代信息技术手段，同步生产视频课程、线上题库、工匠专区、元宇宙工匠创新工作室等数字知识产品。这是尊重技术工人首创精神的重要体现，是工会提高职工技能素质和创新能力的有力做法，必将带动各级工会先进操作法总结、命名和推广工作形成热潮。

此次入选"优秀技术工人百工百法丛书"作者群体的工匠人才，都是全国各行各业的杰出技术工人代表。他们总结自己的技能、技法和创新方法，著书立说、宣传推广，能让更多人看到技术工人创造的经济社会价值，带动更多产业工人积极提高自身技术技能水平，更好地助力高质量发展。中小微企业对工匠人才的孵化培育能力要弱于大型企业，对技术技能的渴求更为迫切。优秀技术工人工作法的出版，以及相关数字衍生知识服务产品的推广，将为中小微企业的技术进步与快速发展起到推动作用。

当前，产业转型正日趋加快，广大职工对于技能水平提升的需求日益迫切。为职工群众创造更多学习最新技术技能的机会和条件，传播普及高效解决生产一线现场问题的工法、技法和创新方法，充分发挥工匠人才的"传帮带"作用，工会组织责无旁贷。希望各地工会能够总结命名推广更多大国工匠和优秀技术工人的先进工作法，培养更多适应经济结构优化和产业转型升级需求的高技能人才，为加快建设一支知识型、技术型、创新型劳动者大军发挥重要作用。

中华全国总工会兼职副主席、大国工匠

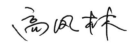

优秀技术工人百工百法丛书

机械冶金建材卷

编委会

编委会主任： 陈杰平

编委会副主任： 关　明　　张　杰　　王晓洁　　刘向东

编委会成员：　马　馨　　王延磊　　王　欣　　王　勃
（按姓氏笔画排序）
　　　　　　　　史绍辉　　朱　丹　　刘　杰　　齐登业

　　　　　　　　李卫东　　邱银富　　张　辉　　张旭光

　　　　　　　　张贺雷　　张晓莹　　张鲁玉　　陈立彬

　　　　　　　　陈晓峰　　赵恒刚　　贾庆海　　高金良

　　　　　　　　梁志勇　　解绍伟　　翟　敏

作者简介
About The Author

金国平

1974年出生，中国宝武集团宝山钢铁股份有限公司电炉炼钢厂电气设备点检员，特级技师，中国机械冶金建材工会兼职副主席，国家级技能大师工作室领衔人。

曾获"全国劳动模范""中华技能大奖""全国五一劳动奖章""全国技术能手"等荣誉和称号，享受国务院政府特殊津贴。

多年来，他扎根于炼钢连铸设备维护保障、技术改造和智慧制造建设，完成一线技术攻关革新上百项，负责重大技改工程十余项；他负责自主研制的电磁搅拌逆变电源模块，打破了国外核心部件技术垄断，实现了关键设备的低成本零故障运行；负责攻关开发的轻压下质量优化控制技术，克服了方坯连铸质量瓶颈，保障了每年 30 多万吨高端钢材品种的批量稳定生产；负责改造的电炉测温取样机器人等一系列智能化装备，实现了炼钢领域的技术突破；形成国家专利 29 项，企业技术秘密 33 项，累计创效 8700 万元，曾荣获全国发明展金奖、上海市科技进步奖二等奖、全国职工优秀技术创新成果二等奖，为钢铁制造向高端化、智能化转型发展作出了积极贡献。

工/匠/寄/语

匠心逐梦，百炼成钢，
用创新撑起制造强国的钢铁脊梁。

王国军

目　录
Contents

引　　言
Introduction

　　钢铁是国民经济的重要基础，被广泛应用于建筑、汽车、能源、电力、船舶、家电、国防和基础设施等各个领域。随着中国制造进入高质量发展阶段，钢铁制造业也迈上了绿色、高端、智能的发展道路。

　　在钢铁制造流程中，炼钢是其中的关键工序，通过将铁水或废钢在炼钢炉内进行熔化、吹炼以及炉外精炼等处理，经钢水包转运后，最终将液态钢水浇铸成固态的钢锭或钢坯。目前主流冶炼工艺有转炉和电炉两种方式，浇铸工艺分为模铸法和连铸法，其中连铸工艺由于金属收得率高、连续性强、自动化程度高、能源消耗低等优势，已经大量取代模铸，成为现代化炼钢的重要标志。

随《中国制造2025》战略的推进，智能制造已经成为钢铁行业重要的战略目标和发展方向。其中，智能化是智能制造的核心特征之一，其在自动化、网络化、信息化的基础上，让系统具有自主监测、自主作业、自主控制和自主诊断的能力。本书主要阐述的是炼钢连铸生产线在智能化攻关过程中面临的一些问题，以及在解决这些问题时所采用的一系列创新方法。

第一讲

炼钢连铸智能化创新攻关技法概述

一、连铸工艺原理和主要设备组成

连铸是连续铸钢的简称，是连接炼钢和轧钢流程中不可或缺的环节，也是炼钢厂的重要组成部分。它是将钢包内的钢水连续不断地流入中间包，经中间包混合分流后注入结晶器冷却凝固，形成带液芯的坯壳，经过扇形段的二次冷却和拉矫机的矫直、引拔以及切割机的切割，产生一定断面形状和尺寸规格的合格钢坯，供轧钢使用。典型连铸机工艺流程如下页图 1 所示。

连铸机的主要设备组成包括以下几个部分。

①钢包回转台。其设在连铸机浇铸位置上方，用于承接精炼工序运送来的钢水包并完成回转过跨，实现快速换包和连续浇铸。

②中间包车。其用于支承、运输和更换中间包，具有升降和水口对中的功能。中间包能起到分流、缓冲和净化钢液的作用。

③结晶器。其是连铸机的"心脏"，作用是将各流钢液初步凝固成坯壳，并被安全、连续地从结

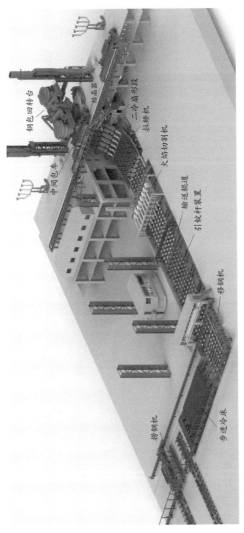

图 1　典型连铸机工艺流程

晶器拉出，具有良好的导热性、刚性和耐磨性，通常由水冷铜套制成，其内外壁之间通水强制冷却。

④振动装置。其作用是支承结晶器做周期性振动，以防止初生坯壳与结晶器内壁产生黏结，同时可以改善铸坯表面质量。振动曲线一般按正弦规律变化，以减少冲击，其振幅和频率一般与拉速紧密配合，以保证铸坯的质量和产量。

⑤二冷扇形段。其位于结晶器出口和拉矫机之间，作用是借助喷水或雾化冷却以加速铸坯凝固并控制铸坯的温度。通过扇形段的夹辊和导辊支承以及导引带液芯的高温铸坯，防止鼓肚变形或造成内裂，二冷水压、水量可动态调节，以适应不同钢种和不同拉速的需要。

⑥拉矫机。其作用是为铸坯提供拉坯力和矫直力，并能完成下装式引锭杆的输送。同时，可在此区域实施带液芯铸坯的轻压下工艺，其拉坯速度、压下力和压下量对连铸坯的产量和质量均有重要影响。

⑦引锭杆装置。其作用是在连铸开浇前，利用引锭杆封堵结晶器下口防止漏钢，开浇后将凝结坯壳牵引出结晶器，待引锭杆与铸坯分离后回收至存放装置。

⑧定尺切割设备。其作用是将从连铸机连续拉出的铸坯进行精确切割分段，以满足用户对铸坯长度及精度的要求，常用的切割设备有火焰切割机或飞剪等。

⑨出坯设备。其作用是通过辊道、移钢机、步进冷床等设备的接力输送，实现铸坯的热送出厂或冷送下线，并在此过程中完成铸坯的喷印标记。

二、连铸智能化创新攻关技法概述

在炼钢各工序中，连铸的工艺连续性最强，对设备的自动化程度和质量、功能、精度要求也最高，更需要通过智能化方面的创新攻关提升效能。连铸智能化的攻关方向重点体现在以下几个方面。

①智能化检测。可以通过各类传感器和信息化

等技术的组合应用，替代人工检测和记录，从而减少质量缺陷的漏检和误检率，提高检测精度和效率，提升全过程质量监控的能力。

②智能化作业。可以通过远程化、一键化、无人化的升级改进，替代现场重复、危险、低效的人工作业，以减轻劳动负荷，改善作业环境，降低安全风险，提高作业效率。

③智能化控制。可以通过具有在线自主调节作用的控制模型的应用，实现系统控制性能和稳定性的提升，以保障高端产品的控制精度，提升高质量制造能力水平。

④智能化运维。可以通过关键设备状态远程化监测诊断方法的应用，实现远离危险区域的状态检查，为早期设备劣化的预判预警创造条件，从而提高设备的安全水平，提升设备检查维护效率，更好地保障生产的安全稳定运行。

在智能化创新攻关的过程中，始终遵循以下四个"坚持"。

①坚持问题导向。问题点就是改善点，改善点就是创新点。生产现场反复出现的安全、质量、成本、效率等痛点和难点问题，就是开展选题攻关的要点。

②坚持效率优先。创新不是无源之水、无本之木，可以通过多查询、多交流、多学习、多协作，博采众长，开阔视野，启发思路，从而提高创新攻关的效率。

③坚持持续改进。创新永无止境，只有持续改进，才能精益求精，不断迭代进化，更好地用智能化解放人的劳力和脑力。

④坚持价值创造。创新的目的是创造价值，智能化的价值更多体现在效率和精度的提升，能以小投入换来大收益，就是价值创造的最高追求。

第二讲

连铸钢坯切长在线
智能复检法

一、钢坯切长检验存在的问题

连铸钢坯的切长控制精度是一项影响产品收得率的重要指标，对下游成品工序的成材率有显著影响。若连铸切割下来的钢坯长度偏长或偏短，超出用户允许公差范围，则需要下线后再次进行人工补切，这不仅会增加废材报废量，影响产线收得率，而且会增加劳动负荷和能源消耗。

为了控制切长精度，连铸生产线目前普遍配备了定尺切割系统来控制在线钢坯的切割长度。但是，这仍然不能保证切割完的钢坯完全满足公差要求，因为下线钢坯的切长精度不仅同定尺切割系统的测长精度有关，还受到切割机小车、切割枪、切割夹钳的状态等诸多不可测因素，以及钢坯温度、连铸拉速等热胀冷缩因素影响，一旦某个环节出现异常或波动，就会导致下线坯长度超标。

为了严格防止超出公差的钢坯交付到下游用户，引起质量索赔和损失，钢厂一般会采用人工对下线钢坯长度进行复检，如下页图 2 所示。但是人工对下线钢坯长度复检存在几个方面的问题。

图 2　钢坯长度人工复检

①人工复检费工、费时、费力。一般需要两名人员相互配合，一人拿尺，一人记录，一天上千根钢坯，工人劳动负荷非常大。

②人工复检作业存在安全隐患。由于下线钢坯仍然有 300 ℃左右的表面余温，人工作业存在高温烫伤安全风险。

③人工复检测量精度不高。由于采用普通卷尺测量且需双人配合作业，测量精度低且测量过程容

易产生较大误差。

④人工复检结果存在较大的滞后性。通常人工复检需要等钢坯从连铸冷床下线后才能进行，当钢坯温度太高时，还需要进一步放置冷却，复检结果的产生至少需要等待3炉钢的时间，一旦钢坯切长发生批量异常，即使在复检时发现，也往往为时已晚，容易造成批量性报废损失。

二、钢坯切长智能复检的方法

面对这一问题，首先通过文献检索，查找了与此问题相关的资料和技术，发现国内外已经对此有了一些研究应用，但是经过分析筛选后，效果都不太理想。比如，有的方法仍需要人工进行测量；有的方法需要在辊道上设置脉冲计数器，存在测量辊打滑和脉冲丢失问题；有的方法需要在辊道上设置光电开关或触发开关，对开关响应时间和安装要求太高，适用性和可靠性不佳。

经过生产现场的多次查勘分析，提出了双激光复检法，用在生产现场后，起到了良好的效果，有效解决了切后钢坯高精度在线复检的难题。双激光复检法具体步骤如下。

①在钢坯经过的冷床入口的两端各设置一台激光测距传感器，采用激光相位比较法，分别检测自身同钢坯前端和后端的距离，如下页图3所示。其测量精度可达到 ±2mm，测量范围 0.2~70m，可通过 RS485 通信接口实现检测数据远传，如第17页图4所示。在此过程中，选择合适的安装位置非常关键，首先需要选择钢坯下线输送途中必经的位置；其次需要选择一个出坯的"咽喉"部位，保证各流下线的钢坯都能汇聚，以节省传感器的部署数量；再次要保证钢坯前后端有一定的安装空间，便于传感器的部署；最后要有一个检测时间窗口，能为传感器检测、采样和传输数据提供一个最小的静态时间，以便获得精确的检测结果。

②通过对传感器的对中和标定，确定双激光传感器的光距。将一支标准长度值为 L_{std} 的标定坯放

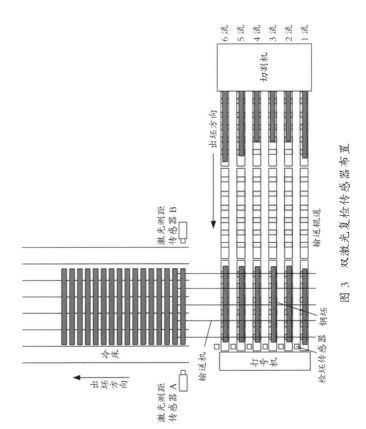

图 3　双激光复检传感器布置

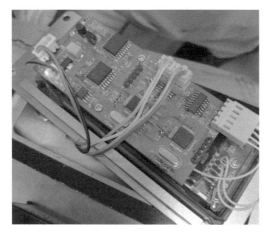

图 4　激光测距传感器数据远传接口

到冷床入口的两台激光测距传感器中间，将两台激光测距传感器投射的光点位置调整到钢坯两端面的中心，此时启动双激光测距，检测后得到前端测距值 L_A 和后端测距值 L_B，将 L_A、L_B 同 L_{std} 相累加，便得到两台激光测距传感器之间的光距 L_0。

　　③每支切割完的钢坯到达冷床入口后，通过自动启动双激光测距检测和计算，能获得钢坯复检长度。如下页图 5 所示，根据每支钢坯到达冷床入口后检测到的 L_A 和 L_B，以及标定过程得到的光距 L_0，

钢坯的复检长度 L_{vrf} 可通过下式获得：

$$L_{vrf} = L_0 - L_A - L_B$$

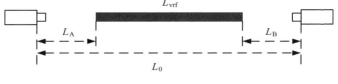

图 5 钢坯复检长度检测原理

利用这种检测方法，解决了在线钢坯的切长如何自动复检的问题，由于激光测距传感器的重复检测精度在整个测量范围内可以达到 ±1mm，这样就可保证钢坯的复检精度和可靠性远高于人工复检。

然而，这项自动检测的方法应用还不够智能。目前很多钢厂都处于小批量定制化生产，每时每刻生产的钢种计划都会发生变化，与此同时，钢坯的目标切长也在不断变化，复检得到的钢坯长度是否满足钢坯目标切长的要求？一旦钢坯长度超出公差范围，是否能智能地给出告警提示？这些问题进一步促使我们开展复检方法上的持续改进。

　　于是，对系统进行了改进设计，增加了钢坯的数字化逐支跟踪的功能，实现了在线钢坯切长的智能监测，具体步骤如下。

　　①根据钢坯出坯流向，划定钢坯流转地图，并对地图上的关键地址进行编号及设置对应的数据寄存器。其中，钢坯切割所处的位置为地图上的首地址，复检时钢坯所处的位置为地图上的末地址，如图 6 所示。

图 6　钢坯到达复检位地址

②监控系统自动对每支在线切割完的钢坯生成身份ID号，并记录下每支钢坯的切割信息。通过对炉号、流号和顺序号的拼接，每支钢坯切割完后都能获得一个钢坯ID，并存放到切割位首地址的数据寄存器中，同时，该支钢坯对应的目标切长、钢种、规格、拉速等信息也一并被记录到与钢坯ID相匹配的切割记录表中。

③监控系统自动跟踪每支切割后钢坯的移动位置，并依次将前地址的钢坯ID号传递到后地址对应的数据寄存器中，直到将钢坯ID号传递到复检位地址的数据寄存器为止。

④在复检位启动双激光传感器检测（如下页图7所示），获得当前到达复检位的钢坯检测长度，同时将复检长度数据与寄存器中的钢坯ID号关联匹配，存入复检记录表。

⑤根据钢坯ID号从切割记录表中自动检索出当前到达复检位的钢坯目标长度，经过与复检长度对比计算后，对超出设定公差范围的钢坯进行异常

图 7 部署在复检位的激光传感器

报警，从而及时提醒操作人员注意修正，以防止批量报废，如图 8 所示。

图 8 复检超差异常报警

　　经过第二次改进后，钢坯复检的功能得到进一步丰富完善，实现了钢坯身份的逐支跟踪和信息追溯，可以自动根据钢坯切割信息动态更新复检时的目标切长，从而为在线切长异常自动报警创造了条件，提升了本方法实现智能化监测诊断的水平。

　　经过一段时间的使用跟踪，发现本方法仍有进一步改善的空间。虽然系统已经具备了钢坯动态跟踪和切长异常自动报警的功能，但是由于复检位钢坯所处地址和切割位所处地址存在差异，钢坯在从切割位输送到复检位的过程中需要一定的时间，在这个过程中，钢坯会因为冷却而产生一定收缩，如果单纯用切割位的目标切长和复检长度进行异常判定对比，会产生一些偏差。此时操作人员往往还要根据自己的经验，对到达复检位的钢坯目标长度进行一些换算修正，以提高异常报警的准确性。这再次提出了一个问题，那就是如何让本方法更加智能，尽可能减少人工干预，实现无人化复检监测。

　　经过研究，提出并实施了第三次改进，用复检位的基准长度替代了切割位的目标切长，并打通了与定尺切割系统的联结，实现了在线钢坯切长的误差自动矫正，如下页图9所示。具体实施步骤如下。

①根据影响钢坯收缩性的主要因变量，建立钢坯的参考收缩系数表。其中，决定参考收缩系数的主要因变量包括：钢种、规格（断面）、目标切长和拉速。由于在复检记录中积累了大量的历史数据，利用大数据样本计算并经过数据平滑性处理，可以获得不同钢种、不同规格、不同拉速范围下的参考收缩系数。

②从到达复检位的钢坯的切割记录表中自动检索出当前这支钢坯的钢种、规格（断面）、目标切长和拉速信息，并从参考收缩系数表中自动匹配查询出对应的参考收缩系数。

③根据查询到的参考收缩系数和目标切长，自动计算出复检位钢坯的基准长度。其中，复检位钢坯的基准长度（L_{ref}）由以下公式确定：

$$L_{ref} = L_{trg} \times (1 - K_{elog})$$

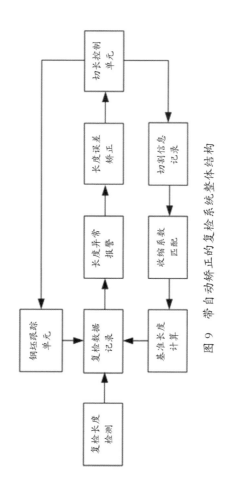

图 9 带自动矫正的复检系统整体结构

式中，L_{trg} 为钢坯在切割位的目标长度，K_{elog} 为钢坯的参考收缩系数。

④将钢坯在复检位的基准长度与复检长度进行误差计算，可以对超出设定公差范围的钢坯进行更精确的异常报警，从而避免了频繁的人工换算干预，实现了无人化监测。

⑤在系统中增加切长自动矫正模式，自动计算出切长误差矫正量，并传送到定尺切割系统，实现对切割长度的自动矫正。其中切长误差矫正量的计算需要在系统中建立以下条件：一是复检误差需要超过矫正阈值；二是复检误差需要满足工况一致性，即满足同一钢种、同一规格、同一流号、同一目标切长、同一拉速范围；三是复检误差需要满足连续性，即只有出现连续偏长或连续偏短的误差才能参与计算。

系统自动筛选出满足以上条件的复检误差，并按照以下公式进行矫正量计算：

$$C = \sum LE_i / n - C_{th}$$

式中，C 为切长矫正量，C_{th} 为误差矫正阈值（根据正负公差有正负值区分），$\Sigma LE_i/n$ 是连续 n 支满足误差矫正量计算条件的钢坯复检误差平均值。

在自动矫正模式下，系统自动将计算出的切长矫正量 C 分配到对应铸流的定尺切割系统中，将该矫正量与系统实际测长值叠加后，实现对钢坯在线切割长度的自动矫正。

在应用此方法自动矫正切长时，要注意以下几点：一是要注意设置矫正间隔参数，以免矫正值过于频繁地改变，影响可靠性，比如矫正间隔参数设置成3，就表示同一流的钢坯要每隔3支后才允许重新计算矫正量；二是当连铸生产的钢种、规格（断面）、目标切长、拉速发生变化时，矫正量应可以自动重置，从而避免不合理的矫正。

经过连续3次的改进后，本方法的智能化程度进一步得到了提升，可以在无人看守的条件下，准确地对钢坯切长精度进行异常监测，并能自主地矫正切长的误差，避免操作人员监控疏忽导致的批量性报废损失。

三、钢坯智能复检法的应用效果

本方法通过无人智能复检替代了传统的人工手动复检，每年可让工人省去对几十万支钢坯人工复检的作业负荷，不仅消除了人工作业的安全隐患，降低了工人劳动强度，而且使复检精度提高了一倍，复检报告时间从原来的 180 分钟缩短至 5 分钟，大幅提高了复检效率，有效降低了钢坯长度批量性超标带来的质量报废损失。

本方法应用后，钢坯切长定尺不合格支数可得到大幅下降，可有效降低定尺不合格造成的离线二次切割作业量，从而减少了切割燃气和氧气能源消耗以及烟气排放，对促进钢厂绿色制造和节能减排具有积极作用。

本方法具有高精度、高可靠性、低成本、智能化程度高的特点，填补了连铸产线在钢坯切长智能化监控技术领域的空白，获得了国家发明专利授权，对提高钢厂质量监控智能化水平和劳动生产效率，具有积极推动作用，在各类连铸生产线上均有较好的推广应用前景。

第三讲

连铸拉矫机辊缝
自检标定法

一、拉矫机的辊缝标定问题

连铸拉矫机的辊缝检测精度对轻压下工艺中压下量的控制精度具有直接影响，几毫米的差异就会产生完全不一样的工艺质量效果，而精确的辊缝检测精度离不开精确可靠的辊缝标定过程的保证。辊缝标定是指对传感器的位移检测值和真实辊缝值之间偏差量的计算和校正。由于拉矫机压下辊液压缸位移传感器的零位同拉矫机辊缝的零位不同，因此需要通过辊缝标定的方式来进行辊缝检测量的偏差校正。同时，由于各台拉矫机的压下辊、支承辊和液压缸在装配、连接、磨损等方面的差异，各台拉矫机无法用统一的偏差量来进行辊缝检测量的校正，需要对每台拉矫机分别标定，才能保证每台拉矫机获得准确的辊缝检测量。单台拉矫机结构如下页图 10 所示。

连铸拉矫机的辊缝标定通常采用引锭杆作为标定器，由于引锭杆使用频次高并长期处于热区，各链节厚度尺寸变形差异较大，一般需要选定某一节

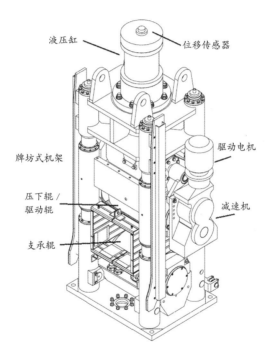

液压缸   位移传感器

牌坊式机架

压下辊 / 驱动辊

支承辊

驱动电机

减速机

图 10 单台拉矫机结构

作为标定节专门用于标定，如下页图 11 所示。在对拉矫机进行标定时，需要将引锭杆上的固定标定节定位到该拉矫机的下方，使标定节上的标定面正对准辊面。由于紧凑型连铸机流数多，引锭杆的标定节穿入中间流的拉矫机组后，很难准确看清位置，往往需要操作人员在现场反复指挥调整，造成定位时间长、标定作业效率低。如果需要对同一流的多台拉矫机标定，由于多台拉矫机难以同时避开引锭杆的关节区，同时标定会发生较大的误差，因此需要花费更长的时间重复在各拉矫机之间进行标定节定位和升降辊压合，整个标定过程至少需要 2 名操作人员相互配合完成，不仅给操作人员带来较大的作业负荷，而且由于该项作业耗时长，生产线的作业效率也会下降。

另外，现有的标定法采用的是单一压力标定，该方法的局限性是无法检测到不同压力下辊缝检测值的变化。通过试验发现，拉矫机由于机械组件的弹性变形和间隙挤出效应，同样厚度的标定节在低

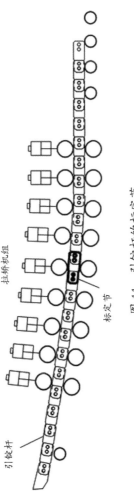

拉矫机组

引锭杆

标定节

图 11　引锭杆的标定节

压下和高压下会存在明显的辊缝检测量偏差，压差越大，偏差也越大。由于连铸轻压下工作压力可以在几十吨至上百吨之间变化，对于压下量为毫米级的轻压下工艺来说，这是不可忽略的误差，会直接影响到高等级钢种的轻压下工艺效果。

二、拉矫机辊缝自检标定的方法

面对这些问题，通过文献检索查找了与此问题相关的资料和技术，发现国内外在拉矫机辊缝标定上开展了一些相关的技术研究，但是对提高辊缝标定精度和效率的指导作用不大。比如，有的公开文献报道了不用标定器，直接利用在浇铸坯的平均厚度作为辊缝基准，实现其在线标定的功能。然而，由于铸坯凝固温度场变化，以及扇形段的收缩、鼓肚等不确定形变影响，很难保证达到高精度的标定效果。

国内外已公开投用的连铸拉矫机的辊缝在线标定法，基本上是采用引锭杆或者辊缝测量仪设备，其中辊缝测量仪需要放在拉矫机上下辊之间，很难在一些流间距小的紧凑型多流连铸机上使用。

虽然引锭杆目前普遍作为方坯连铸的标定器使用，但是并不能满足拉矫机高效、高精度的辊缝控制要求，从生产方的需求出发，提出第一项标定方法上的改进，即同步标定法。其具体实现步骤如下。

①采用多节等厚链杆式专用标定器替代引锭杆，用于拉矫机辊缝标定，该标定器由多节等厚链节组成（如下页图12所示），总长度需大于每流拉矫机组的区间跨度，标定器的节数与每流拉矫机的台数相当，其材质要保证在宽范围压力下不会产生形变，其厚度需要在拉矫机辊缝检测范围内，并尽量接近生产铸坯的厚度，这有利于减小辊缝检测的非线性误差。标定器的节距要同相邻两台拉矫机的中心距一致，这样在定位时可以保证每个标定节的标定面同时对准同一流各拉矫机的上下辊面中心，以避免拉矫机的上下辊面压合到标定器的关节区，

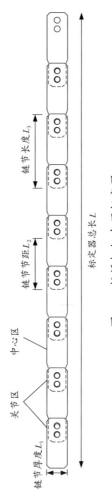

图 12　拉桥机组专用标定器

影响标定精度。

②将标定器通过辊道输送到拉矫机组内，由于标定器长度是根据拉矫机组长度匹配定制的，头尾端位置很容易被标识和远程监视，一位操作人员在远程操作室就能完成定位作业，保证了标定器各标定面能一次性准确定位到各台拉矫机架的上下辊面中间，从而大幅提高了标定器的定位效率，节省了定位时间，如下页图13所示。

③标定器定位完成后，通过操控画面可以一键同步启动同一流的所有拉矫机执行辊缝标定程序，完成所有拉矫机升降辊的下压、稳压和计算过程，从而大幅简化了标定过程的操作步骤。以连铸9机架的拉矫机为例，原方法完成9个机架的辊缝标定程序，不仅需要定位9次标定面，而且还要执行9次升降辊下压、稳压和计算过程，而新方法只需执行1次，就能完成9个机架的标定程序，从而显著提升了标定作业效率。

标定工具的改进，在标定方法上带来了效率的

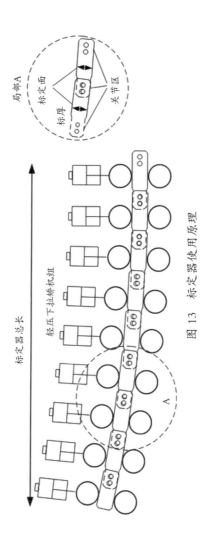

图 13　标定器使用原理

提升，但是辊缝标定的最终目的是提高辊缝检测的精度，这是保障生产工艺质量的前提。在长期生产实践和标定过程中发现，不同压力下的拉矫机辊缝检测存在偏差，直接导致设定好的压下量与最终实物的尺寸不符，因此进一步改进了标定方法，增加了多点压力自检过程。其自检步骤如下。

①在操控画面上预设多个标定压力点，标定压力点应设定两点以上，最低标定压力可以根据辊缝控制时拉矫机压到铸坯上的最低压力来确定，最高标定压力可以根据辊缝控制时拉矫机压到铸坯上的最高压力来确定。

②通过操控画面一键启动标定过程，拉矫机升降辊自动开始下压，先采用最小的一个标定压力 p_1，控制拉矫机液压升降辊的压下力 p_a。

③当系统检测到的实际压力满足：$p_1 - \Delta p \leqslant p_a \leqslant p_1 + \Delta p$（其中 Δp 为允许的压力波动范围），并且稳定地保持在这一范围后，系统自动计算出此时的位移传感器原始检测值 $T_{0\text{-}1}$ 和标准厚度

T_{std} 之间的偏差 ΔT_1：$\Delta T_1 = T_{0\text{-}1} - T_{std}$，并且将偏差 ΔT_1 保存在系统中。

④将标定压力自动切换到第 2 个标定压力点 P_2，系统开始自动调整拉矫机液压升降辊的压下力 P_a 达到第二个标定压力点。

⑤当系统检测到的实际压力满足：$p_2 - \Delta p \leqslant p_a \leqslant p_2 + \Delta p$，并且稳定地保持在这一范围后，系统自动计算出此时的位移传感器原始检测值 $T_{0\text{-}2}$ 和标准厚度 T_{std} 之间的偏差 ΔT_2：$\Delta T_2 = T_{0\text{-}2} - T_{std}$，并且将偏差 ΔT_2 保存在系统中。

若标定压力点大于两点，系统将自动重复④和⑤的步骤，以完成所有标定压力点的偏差量计算。

在完成所有压力点自检后，系统监控画面上会自动显示出一条多点压力自检曲线，如下页图 14（a）所示。如果在自检过程中，发现任何一点的辊缝检测值有异常，在曲线上也可以明显地看出区别，如下页图 14（b）所示，从而在第一时间发现问题并及时处理，避免将标定误差带到实际生产控制过程中，保证了拉矫机辊缝控制的精度。

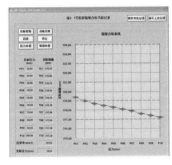 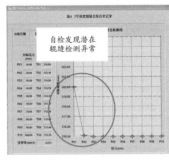

（a）自动显示多点压力自检曲线　　　（b）辊缝检测异常

图14　多点压力自检曲线

⑥当所有标定压力点的补偿量都已经测量完毕，系统自动开始拟合计算压变系数 K。若采用两点压力标定，则 $K_1=(\Delta T_2-\Delta T_1)/(p_2-p_1)$；若是采用两点以上的压力标定，则可根据不同压力区间分段产生不同的压变系数，如 $K_1=(\Delta T_2-\Delta T_1)/(p_2-p_1)$，$K_2=(\Delta T_3-\Delta T_2)/(p_3-p_2)$。

⑦利用多点压力自检标定时形成的偏差量和压变系数，在控制系统中完成对不同压力下传感器原始检测量的补偿校正，使实际的辊缝检测值在不同

压力下能获得与标定器真实厚度相一致的结果，从而实现不同压力下的辊缝检测误差的补偿。辊缝补偿控制结构如下页图 15 所示。

以采用两点压力标定为例，经过多点压力自检标定后的拉矫机辊缝检测值（T_1）可用下式确定：

$$T_1 = T_0 - [\Delta T_1 + K_1 (p_a - p_1)]$$

式中，T_0 为拉矫机油缸位移传感器原始检测量；ΔT_1 为标定时第一个压力点上生成的偏差补偿量；K_1 为两点压力标定生成的压变系数；p_a 为当前实际的拉矫机压下力；p_1 为第一个标定压力。

若采用的压力标定点多于两点，则标定后的拉矫机辊缝检测值可以按下式计算：若实际压力满足 $p_1 \leqslant p_a < p_2$，则 $T_1 = T_0 - [\Delta T_1 + K_1 (p_a - p_1)]$；若实际压力满足 $p_2 \leqslant p_a < p_3$，则 $T_1 = T_0 - [\Delta T_2 + K_2 (p_a - p_2)]$；以此类推。

三、辊缝自检标定法的应用效果

应用本方法后，拉矫机辊缝标定作业可以从原

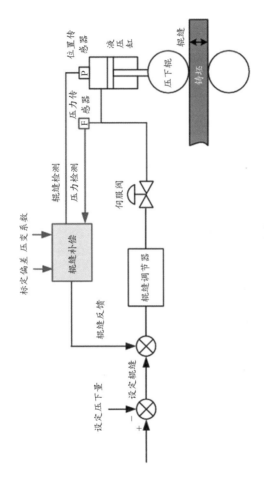

图 15 辊缝补偿控制结构

来的 2 人现场作业，简化到单人远程作业，从多按键反复操作到单按键一键操作，操作流程自动化程度得到大幅提升，标定时间可缩短 60% 以上，显著提升了标定效率。

应用本方法后，可以有效提升拉矫机辊缝标定精度，使全压力范围下的辊缝检测精度达到 ±0.1mm，从而为改善高等级品种钢的轻压下工艺质量控制性能提供了有力保障，为高端钢材生产质量的提升奠定了基础。

本方法成本低、易实施，多点压力自检标定可以全程自动完成，体现了用智能化技术提升生产作业效率和质量控制精度的效果，获得了国家发明专利授权，并已经在多条连铸生产线得到了推广应用，对于采用轻压下工艺的方坯连铸机具有良好的推广应用前景。

第四讲

连铸轻压下辊速
自适应控制法

一、轻压下机组的过载失控问题

高端装备制造中的高等级轴承、高性能弹簧、高强度轮胎帘线钢、高强度桥梁缆索等应用领域都需要用到高质量的钢材。轻压下技术是钢铁行业生产此类高质量钢材的一项关键连铸工艺，它通过在连铸坯液芯末端附近施加压力，产生一定的压下量来补偿铸坯的凝固收缩，达到改善铸坯中心偏析和中心疏松的目的，是迄今为止消除连铸坯宏观偏析的最佳方法，是提高产品质量和开发高附加值产品的重要手段，已成为现代连铸机关键核心技术的重要组成部分，其核心控制技术长期以来由国外垄断。轻压下工艺原理如下页图16所示。

在方坯连铸机上实施轻压下的拉矫机组兼具拉坯驱动和压坯矫直作用，采用轻压下工艺生产的铸坯因受到挤压形变，驱动辊承受负载远高于不用轻压下工艺的常规拉矫模式。尤其是在一些高强度钢品种的生产中，由于改善铸坯质量性能需要采用大压量工艺，压坯力往往达到常规模式下的6~9倍，

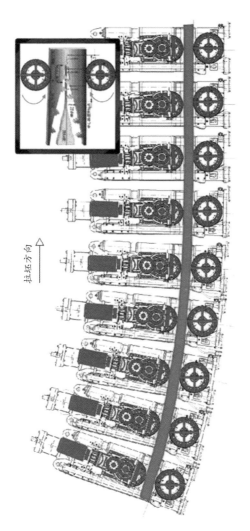

拉坯方向

图 16　轻压下工艺原理

随着铸坯受压变形量增加，往往会造成机组内驱动辊电机负载激增，极易发生电机过载问题，直接导致轻压下过程精度失控而引起质量缺陷，甚至造成生产异常停机（如图17所示），这一问题使高等级品种钢的质量提升和品种拓展遇到了严重的生产瓶颈。

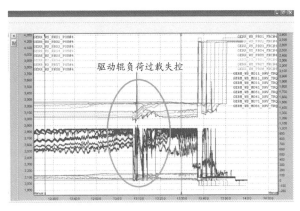

图 17　轻压下过程精度失控

二、轻压下辊速自适应控制的方法

面对这一问题，通过文献检索查找了与此问题相关的资料和技术，发现当时国内在轻压下工艺应用上刚刚起步，可供参考的相关文献很少，而国外出于技术垄断，能够获得的数据和技术信息就更少了。当时和几家外商交流后，外方都提出需要对现有的拉矫机组（如图 18 所示）进行扩容改造，才能满足这些高等级品种钢的大压量工艺要求，而这不仅需要几千万元的投资，而且受流间距限制，设备扩展空间极其有限。同时，国外对于高性能控制软件核心算法纷纷采取加密措施，而国内当时还缺乏在此类机组上进行局部改造的技术和能力。因此，如何利用已有装备能力，保障轻压下工艺控制的稳定性，成为支撑高端钢材品种高质量生产的关键。

图 18　大方坯轻压下拉矫机组

　　经过现场反复的跟踪观察分析后发现，轻压下工艺控制过程的过载现象同压下量有着很大的关系，压下量越大，电机负载转矩就越大，相应的过载风险就越大，有些品种钢的总压下量已经达到投产初期的 2 倍。而造成过载的另一个原因则是负载分布的失衡，机组上游拉矫机架虽然压下量和施加的压下力都没有下游机架高，但是电机负载转矩却比下游机架上升得更快，更容易过载失控。

　　虽然对问题的矛盾关系有了一定的了解，但是仍然需要进一步掌握产生矛盾的原因，才能设计改进控制方法。对原机组的控制系统进行了解分析，发现每流拉矫机组的辊速在轻压下工艺中采用的是等速控制法，即拉矫机组所有机架的拉矫辊速度设定值均同步于连铸工艺拉速。这种等速控制法普遍应用在连铸拉矫机上，在非轻压下工艺生产条件下，甚至在小压量轻压下工艺生产条件下，都不会有大问题，因为钢流在各拉矫机架内的形变小，各点钢流速度基本一致，不会给机组各拉矫辊的运转造成太大的附加阻力。而在大压量工艺的轻压下过程中，由于各压下点机架内钢流沿厚度方向产生大的变形量，继续采用等速控制则会引发各点流速失衡。这就好比交通道路上的汽车流量，在同样宽的路面，前后汽车速度如果相同，就不会造成交通堵塞，但如果前方道路收窄，则后方行车不得不减速，否则就会发生追尾拥堵事件。同理，一旦拉矫机组内各机架流速不匹配，拉矫机组上游的驱动辊就可能因为下游收窄后传导过来的阻力，引起驱动辊电机负载力矩迅速上升，造成过载失控，如图 19 所示。

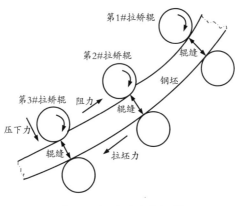

图 19　轻压下受力机制

从以上分析角度出发，从维持钢流过钢量平衡上寻找解决思路，决定尝试改变原有的辊速控制方法，形成了一种能够自适应辊缝变化的辊速控制法，具体步骤如下。

①根据钢流过钢量平衡原则建立拉矫机组各机架之间辊速关系。由于拉矫机架的电机负载分布失衡，主要与轻压下过程中各机架下的流速分配失衡有关，为保持各拉矫机架下钢流速度尽可能达到一致，各拉矫机架下单位时间钢流体积流量需要保持相同，因此建立了以下关系等式：

$$E_1 \times S_1 = E_2 \times S_2 = \cdots = E_n \times S_n$$

式中，E_1 为第 1# 拉矫辊的线速度设定值，mm/min；S_1 为第 1# 拉矫辊下的钢坯截面积，mm²；E_n 为第 n#（最后一台）拉矫辊的线速度设定值，mm/min；S_n 为第 n#（最后一台）拉矫辊下的钢坯截面积，mm²。

②根据拉矫机组的基准辊速 E_{ref}，确定各拉矫辊速度设定值 E_i。拉矫机组的入口辊和出口辊的

速度都可以选作基准辊速，经过多次方案测试比选，最终采用了机组入口辊的速度作为基准辊速，并将其与连铸拉速 E_{cast} 同步，这样既能方便机组入口速度与连铸二冷区过钢速度保持一致，以保证连铸工艺拉速的稳定性，满足铸坯冷却强度要求，又能充分发挥下游各机架调节负载的灵活性，即 $E_{ref}=E_1=E_{cast}$ ；其余拉矫辊的速度设定值可以以入口辊设定速度为基准，满足以下关系：

$$E_i = E_{ref} \times S_{ref} / S_i$$

式中，E_i 为第 $i\#$ 拉矫辊的线速度设定值，mm/min，S_i 为第 $i\#$ 拉矫辊下的钢坯截面积，mm^2；E_{ref} 为基准拉矫辊的线速度设定值，mm/min；S_{ref} 为基准拉矫辊下的钢坯截面积，mm^2。

③建立各拉矫机辊缝大小同拉矫辊线速度设定值之间的关系，计算各拉矫机辊速修正系数 K_i。经过实验测量，钢流在轻压下过程中，钢坯断面尺寸变化主要沿厚度方向发生，宽度方向的延展量非常微小。这是因为拉矫辊在钢坯表面加大压力后，引

起钢坯厚度方向发生形变，由于钢坯内部存在液芯，压缩后内部液芯可以顺着纵向产生挤压流动，缓解了横向变形的压力，因此钢坯宽度在轻压下区间里几乎不产生明显变化。

根据这一特性，在拉矫机辊速和拉矫机辊缝之间建立了相互关系：

$$E_i = E_{ref} \times S_{ref} / S_i = E_{ref} \times （T_{ref} \times W_{ref}）/（T_i \times W_i）$$
$$\approx E_{ref} \times （T_{ref} / T_i）$$

式中，$S_i = T_i \times W_i$（i 为拉矫机编号，$i=1,\cdots,n$）；T_i 为第 i# 拉矫机下的钢坯厚度，mm；W_i 为第 i# 拉矫机下的钢坯宽度，mm；由于钢坯宽度在拉矫机组入口和出口间几乎没有变化，因此 $W_{ref} \approx W_i$，则上式 $E_i \approx E_{ref} \times （T_{ref} / T_i）$。

T_{ref} / T_i 是拉矫机组基准辊速机架和第 i 台机架下的钢坯厚度比，由于连铸轻压下时，钢坯厚度与辊缝值是一致的，所以 T_{ref} / T_i 即为基准辊拉矫机和第 i 台拉矫机之间的辊缝比，则各拉矫辊的速度修正系数 $K_i = T_{ref} / T_i$。

④根据各拉矫机的辊缝检测值对拉矫辊的速度设定进行自适应的动态调整。根据各拉矫机辊速与辊缝之间的修正关系（如下页图 20 所示），各拉矫机驱动辊的辊速设定 E_i 是基准辊速 E_{ref} 与辊速修正系数 K_i 的乘积：

$$E_i = K_i \times E_{ref}(\,i=1,\cdots,n\,)$$

由于辊速修正系数 K_i 取自拉矫辊之间的辊缝比，而辊缝检测值是在实时变化的，为了防止辊缝检测值异常干扰或异常波动导致修正后的辊速设定值出现修正量过大的情况发生，还需要对修正后的辊速设定值进行限幅。限幅的范围可根据连铸工艺制度最小压下量和最大压下量对应的辊缝比来确定。假设连铸机拉矫机组的入口坯厚是 330mm（可通过第 1# 拉矫机辊缝检测传感器检测获得），总的最大压下量是 20mm，则最大压下量对应的辊缝比就是 330/（330−20）=1.065，最小压下量（无轻压下时的总压下量为 0）对应的辊缝比为 1，因此，可以将辊速修正系数的上限设置在 1.065，下

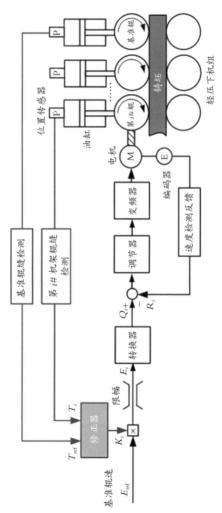

图 20　轻压下辊速自适应控制结构

限设置在 1，从而保证了辊速自适应调整控制的安全性。

三、辊速自适应控制法的应用效果

通过采用本项控制法后，可根据压下量的大小，自适应地控制拉矫机组的辊速，达到了自主平衡各机架负载的效果，使拉矫机组在轻压下工艺的电机平均负载率减少了 20%，大压量工艺的控制过程稳定性得到了显著提升，有效解决了钢流失衡造成的过载失控难题。

本方法应用后不仅减少了设备故障停机，延长了设备使用寿命，而且满足了高端品种钢工艺对轻压下功能精度的要求，为钢铁生产线推进高端精品钢的批量稳定生产提供了有力的保障。

本方法可以在极少投入的条件下，最大限度发挥机组的潜能，节省了设备扩容改造成本，缩短了改造工期和降低了运行能耗，具有自主智能调节的效果，并有较好的可操作性和适用性，已经获得国家发明专利授权，可以应用于任何带有轻压下工艺的连铸机中，尤其在大方坯和小方坯连铸机上具有良好的推广应用前景。

第五讲

连铸引锭杆安全防滑智能监控法

一、引锭杆下滑的安全问题

引锭杆是连铸机必备的开浇牵引设备。采用下装式挠性引锭杆的连铸机在开始浇铸前，要通过驱动装置，把引锭杆从地面辊道送至 10 多米高的结晶器上，使引锭头堵住结晶器的下口。在连铸开浇后，结晶器内的钢液与引锭头凝结在一起，通过拉矫机组驱动装置的牵引，使铸坯随引锭杆连续从结晶器下口缓慢拉出，从而实现连铸开浇引拔的过程，如图 21 所示。

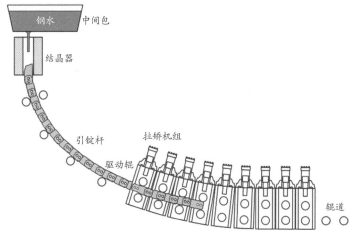

图 21　引锭杆连铸开浇引拔过程

　　挠性引锭杆通常采用链式结构，其长度一般达到 20 多米，重量高达 20 多吨（如图 22 所示），在自身重力作用下，停留在结晶器下口等待开浇的引锭杆存在从高位下滑的风险。为了避免这一问题，世界上所有的连铸机制造商均采用在拉矫机组驱动装置上设置机械抱闸，对夹送引锭杆的驱动辊提供机械制动力，来防止引锭杆在开浇前和开浇起步瞬间发生下滑，避免开浇漏钢事故。

图 22　挠性引锭杆

　　然而，在实际生产设备使用中发现，引锭杆在保持阶段发生下滑的问题时有发生，随着设备使用时间的延长，发生的频率越来越高，并且难以预防，引锭杆下滑导致的开浇泄漏，甚至开浇漏钢的风险难以从根本上杜绝，给连铸安全生产带来很大的隐患。造成这一顽疾的原因主要体现在以下两个方面。

①目前引锭杆的制动只能依赖电机抱闸的机械制动，一旦失效，就会发生引锭杆下滑的风险。由于抱闸闸片反复动作受力，容易磨损，在炼钢连铸的高温连续生产工况下，抱闸闸片、弹簧等机械部件必然会发生劣化失效（如图 23 所示），此时制动力减弱，突发故障就难以避免。

图 23　损坏失效的抱闸

②抱闸安装在拉矫机驱动辊电机内部，难以在线监测到设备状态，无法及时准确进行维护。由于电机抱闸普遍采用内置式结构，安装在拉矫机夹送辊驱动电机的后端盖内，在线检查和维修极其不便，同时生产运行过程中的工况高温也使检查人员难以接近，使这些电机的抱闸基本处于检查的盲区。由于拉矫机驱动辊电机价格普遍较高，若频繁更换，势必造成设备维修成本上升，因此给设备运维带来了非常大的难度。

二、引锭杆防滑智能监控的方法

面对这一问题，通过文献检索，查找了与此问题相关的资料和技术，发现国内外在防止引锭杆下滑问题上有一些相关的技术研究，但是公开披露的信息很少，有的技术信息对解决此类问题作用不大，比如"一种连铸引锭杆拉矫机抱闸控制装置"的专利公开文件，通过用电压继电器检测变频器输出电压的大小来实现速度的检测，在拉坯速度为

0 或低于起步拉速时，抱闸抱死，确保引锭杆不下滑，这一技术只能延迟抱闸的打开时间，对开浇前引锭杆的可靠制动不起作用，没有减少对抱闸机械制动的依赖。国内外的公开研究资料和文献中，均没有检索到关于如何实现在线自动监测和诊断引锭杆制动抱闸制动力状态的技术及应用报道。

国内外各大冶金制造商在这一问题上往往是通过增加电机抱闸的配置数量来缓解。比如，某国外知名厂商提供的最新连铸机在拉矫机组上通过安装4套抱闸来解决可靠性问题。这种冗余的设计虽然可以防止单台抱闸失灵导致的引锭杆下滑问题，但是由于抱闸制动状态无法监测，难以及时更换受损抱闸，在线的抱闸将会接二连三地受损，引锭杆的下滑只是时间早晚的问题，同时，这种冗余设计也增加了设备的投资和检修维护成本。

经过调研分析后认为，虽然机械制动是最古老、最有效的制动技术，但是要解决抱闸松动导致的引锭杆下滑问题，不能仅从机械角度去找办法，还要从电气的角度去寻找解决方案，通过这一思路，形成了第一项控制方法上的改进，即引锭杆电磁辅助制动法。其具体实现步骤如下。

①在现有的引锭杆夹送驱动辊电机上配装连接测速编码器，将测速反馈信号连接到变频调速器，并将变频调速器速度控制模式参数设置成带速度反馈的矢量控制模式，使夹送驱动辊电机在零速状态下受控产生电磁制动转矩。

②在现有的引锭杆夹送驱动辊电机上，通过独立供电，对引锭杆夹送驱动辊电机实施强制风冷（如下页图 24 所示），使电机在静止状态下获得良好的散热冷却，保证电机在零速状态下的稳定。由于电机在产生电磁制动转矩的时候，需要通入电流并发热，而此时电机处于零速静止状态，若电机采用自冷方式，风扇安装在电机转轴上，转速与电机同步，则会因零速时风扇不转，影响电机通电时的有效散热及其运行寿命。因此，需要采用强制风冷方式，即在电机上采用独立供电且转轴与电机转轴

分离的风扇进行冷却，这样即使电机速度为零，只要在变频器给电机通电时，控制风扇高速运转，就可以提供电机足够的冷却效果，不影响电机的正常使用寿命。

图 24　带独立冷却的引锭杆夹送驱动辊电机

　　③夹送辊驱动装置在开浇前，将引锭杆输送到结晶器下口后，控制器自动撤销速度给定信号并使抱闸失电抱紧，同时向变频调速器发送预励磁信号

和零速给定信号。

④变频调速器收到预励磁信号和零速给定信号后，自动对拉矫机组夹送辊电机通入励磁电流，在电机内建立励磁磁场，此时在电机输出轴上将产生同负载转矩方向相反、大小相同的电磁制动转矩。

经过以上步骤，一旦发生引锭杆夹送驱动辊电机抱闸不良导致制动力不足的情况，夹送驱动辊会受到引锭杆自身重力的反拖动作用影响，在电机输出轴上产生反拖动转矩，此时变频调速器会自动生成相反方向的电磁制动转矩，从而自适应抵消反拖力，起到帮助电机输出轴保持制动静止的作用。引锭杆安全制动控制结构原理如下页图 25 所示。

经过多次在线试验后，此项改进起到了比较好的效果，制动的可靠性得到了显著提升，弥补了单一机械制动的不足，对于解决引锭杆防滑的可靠性问题起到了非常明显的作用。

然而，任何一种方法都有两面性，采用引锭杆电磁辅助制动法后，由于每个电机增加了一道制动

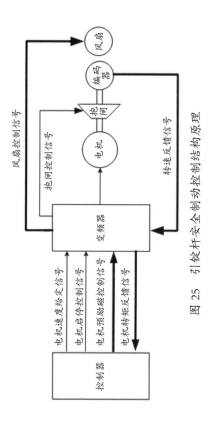

图 25 引锭杆安全制动控制结构原理

措施，电机抱闸的作用日益被忽视，维护人员对抱闸的检查维护力度下降，给异常停电下的安全制动带来了风险，因为电磁制动需要在有电力的条件下才能发挥作用，因此电机抱闸的状态仍需要得到管控，以确保万无一失。

虽然在这方面没有找到任何可以借鉴的资料，但是在日常运维过程中，通过对设备运行状态的观察，以及对设备运行数据的敏感性，发现了这样一个现象：引锭杆在开浇前的高位保持阶段，个别夹送驱动辊电机在制动停车后的负载转矩会突然变得远大于平时的数值，这一细微处的变化给出了一些提示：该电机的抱闸是不是出现了失效问题？于是安排电机的下线拆检，经过检查发现，此电机的抱闸闸片已经磨损过度，的确出现了抱不紧的问题，从而验证了之前的判断。

利用电机转矩和抱闸状态之间的这一关联性，联系出了这样的假设：当电机抱闸出现劣化失灵征兆时，其机械制动力矩开始下降；此时电磁辅助制动系统在引锭杆开浇高位所产生的电磁制动力矩将自动增大，以抵消抱闸制动力不足所造成的引锭杆下滑力矩；抱闸制动力矩越小，电磁辅助制动力矩就越大，而在正常的抱闸制动力矩下，电磁辅助制动力矩会很小。

于是，在前项改进的基础上进一步开展了第二项改进，设计出了夹送驱动辊电机转矩实时在线监测程序，来解决引锭杆抱闸制动状态的远程监测问题。具体监控方法如下。

①在引锭杆电磁辅助制动阶段，通过变频调速器对电机参数和电机电流的自动计算，获取电磁制动转矩数据。

②控制器通过与变频调速器之间的通信链路，实时采集变频调速器中的电磁制动转矩数据。

③在控制器中设置安全制动力矩报警值 T_{th}，该设定量可以参照引锭杆保持阶段电机抱闸正常时的实际转矩数据，来进行阈值设定。

④当此阶段采集来的电机制动转矩数据超过了

报警值，控制器自动在监控画面上向远端维护人员及时发出异常预警信号（如下页图 26 所示）并自动进行异常报警记录，从而在抱闸失效的早期阶段，提醒操作维护人员及时安排抱闸的检修维护，以确保抱闸作用的有效性。

经过以上步骤，实现了内置式电机抱闸的远程状态监测，从而可以在失效的早期阶段，就能自动获得抱闸的劣化状态，为保障关键设备状态提供了智能化的监测手段。

三、引锭杆防滑智能监控法的应用效果

通过本项创新方法，解决了传统单一的机械抱闸制动法无法可靠避免引锭杆下滑的安全难题，提高了引锭杆安全制动的可靠性，降低了开浇失败或漏钢的事故风险，从根本上消除了这一连铸生产的安全隐患。

本方法可以实现引锭杆抱闸在线制动状态的自动监测和智能预警功能，可以在早期发现设备状态

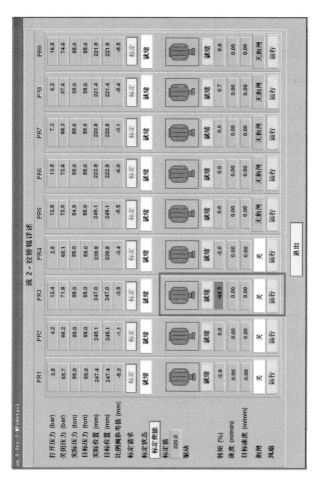

图 26 抱闸状态远程监测预警

劣化趋势，突破了行业内抱闸状态难以在线监测的难题，有效提高了设备状态智能诊断和预防性维护的水平。

本方法成本低、可靠性高、易实施，已经获得国家发明专利授权，适用于绝大多数下装式引锭杆的连铸机，具有良好的行业内推广应用价值。

后　记

　　制造业决定了一个国家的综合实力和国际竞争力，是立国之本、强国之基。当前，新一轮科技革命和产业变革深入发展，我国制造业正迈入高质量发展的新阶段。推动制造业高端化、智能化、绿色化转型升级，是我国由制造大国向制造强国转变，从中国制造到中国创造跨越的必由之路。

　　在新时代中国式现代化发展的道路上，技术工人队伍是支撑中国制造和中国创造的重要力量。我作为一名在中国规模最大、现代化程度最高的钢铁基地上成长起来的技术工人，在现场一线扎根了几十年，深刻地感受到自主技术创新的重要性，深刻地体会到制造业数字化、智能化转型的迫切性。多年来，我依托劳模创新工作室的平台，带领身边的员工坚持攻坚克难、自主创新，坚持推动核心技术自主可控，在用机器替代人的检测、作业、控制等方面作出了一些有价值的创新和实践，解决了诸多企业生产中的疑难问题。同时，近年来我也在工作中不断学习，不断适应新技术的发展，在钢厂机器人技术应用、产线操作集控和能耗大数据分析应用等方面也开展了一些积极的探索并取得了一些突破，推动了钢厂在数字化、智能化发展上的技术进步，为企业的效率、质量、安全、能耗等方面的提升作出积极的贡献。

本书介绍了我们在炼钢连铸一线生产实践工作中取得的点滴创新体会和工作心得，还有许多不足之处仍需要进一步完善，诚恳希望各界专家老师多提宝贵意见。

2023 年 5 月

图书在版编目（CIP）数据

金国平工作法：炼钢连铸设备智能化的运维与改善 /金国平著. —北京：
中国工人出版社，2023.7
ISBN 978-7-5008-8228-2

Ⅰ.①金… Ⅱ.①金… Ⅲ.①智能技术–应用–炼钢设备–连铸设备
Ⅳ.①TF341-39

中国国家版本馆CIP数据核字（2023）第126513号

金国平工作法：炼钢连铸设备智能化的运维与改善

出 版 人	董 宽	
责 任 编 辑	时秀晶	
责 任 校 对	张 彦	
责 任 印 制	栾征宇	
出 版 发 行	中国工人出版社	
地 址	北京市东城区鼓楼外大街45号　邮编：100120	
网 址	http://www.wp-china.com	
电 话	（010）62005043（总编室）	
	（010）62005039（印制管理中心）	
	（010）62046408（职工教育分社）	
发 行 热 线	（010）82029051　62383056	
经 销	各地书店	
印 刷	北京美图印务有限公司	
开 本	787毫米×1092毫米　1/32	
印 张	3	
字 数	40千字	
版 次	2023年8月第1版　2023年8月第1次印刷	
定 价	28.00元	

本书如有破损、缺页、装订错误，请与本社印制管理中心联系更换
版权所有 侵权必究